筑桥知识星球

神奇动物住哪里?

蝴蝶住在哪儿?

献给科林、克莱尔和卡洛琳。

——梅丽莎·斯图尔特

送给我刚出生的孙儿，安德鲁·乔丹·邦德，欢迎来到这个世界！

——希金斯·邦德

图书在版编目（CIP）数据

神奇动物住哪里？. 蝴蝶住在哪儿？/（美）梅丽莎·斯图尔特著；（美）希金斯·邦德绘；项思思译. — 成都：四川科学技术出版社，2023.9
ISBN 978-7-5727-0703-2

Ⅰ.①神… Ⅱ.①梅…②希…③项… Ⅲ.①蝶–少儿读物 Ⅳ.①Q95-49

中国版本图书馆CIP数据核字（2022）第169038号

著作权合同登记图进字21-2022-232号
First published in the United States under the title A PLACE FOR BUTTERFLIES
by Melissa Stewart, illustrated by Higgins Bond.
Text Copyright © 2006 by Melissa Stewart.
Illustrations Copyright © 2006 by Higgins Bond.
Published by arrangement with Peachtree Publishing Company Inc.
Simplified Chinese translation copyright © TGM Cultural Development and Distribution
(HK) Co. Limited, 2022
All rights reserved.

神奇动物住哪里？
SHENQI DONGWU ZHU NALI?

蝴蝶住在哪儿？
HUDIE ZHU ZAI NAR?

著　者	[美]梅丽莎·斯图尔特
绘　者	[美]希金斯·邦德
译　者	项思思
出 品 人	程佳月
项目策划	筑桥童书
责任编辑	张湉湉
助理编辑	朱　光　魏晓涵
内容策划	林　跞
装帧设计	浦江悦　王竹臣
责任出版	欧晓春
出版发行	四川科学技术出版社
地　　址	成都市锦江区三色路238号　邮政编码：610023
	官方微博：http://weibo.com/sckjcbs
	官方微信公众号：sckjcbs
	传真：028-86361756
成品尺寸	235 mm×210 mm
印　张	2
字　数	40千
印　刷	河北鹏润印刷有限公司
版　次	2023年9月第1版
印　次	2023年9月第1次印刷
定　价	128.00元（全6册）

ISBN 978-7-5727-0703-2

■版权所有　翻印必究■

（图书如出现印装质量问题，请寄回印刷厂调换）

筑桥知识星球

神奇动物住哪里？

蝴蝶住在哪儿？

[美]梅丽莎·斯图尔特 / 著　[美]希金斯·邦德 / 绘　项思思 / 译

四川科学技术出版社

蝴蝶颜色绚丽、姿态优雅，令我们的世界多姿多彩，但人类的一些行为却让它们的生存和繁衍艰难无比。

如果我们可以齐心协力帮助这些神奇的昆虫，它们就能在地球上始终保有一片栖身之所。

蝴蝶的一生

蝴蝶的一生会经历四个发育阶段，即卵、幼虫、蛹和成虫。雌蝶交配后，会在寄主植物上产卵。卵孵化后，幼虫就会蠕动着身体爬出来。经过不停地进食，几周后，蝴蝶幼虫逐渐长大，进入预蛹状态。此时的幼虫周身会被一层硬壳所包围，这层硬壳就叫"蛹壳"。成虫破茧而出，一只美丽的蝴蝶便来到了世间。

卵

幼虫

蛹

pò
珀凤蝶

和其他生物一样，蝴蝶也需要进食，花蜜就是许多蝴蝶爱吃的食物。

北美大黄凤蝶

你见过北美大黄凤蝶吗？它们时而在花丛中翩翩起舞，时而在苹果树上休养生息。它们喜欢吸食香甜的花蜜，尤其喜食紫丁香、苹果花和野樱桃花的花蜜。如果人们能在自家的后院里种上树和会开花的植物，北美大黄凤蝶就不愁没有吃的了。

如果人们可以在后院里开辟出一片花园，蝴蝶就能生存并得以繁衍。

有些蝴蝶以香甜的树液为食。

如果我们可以保护好森林，蝴蝶就能生存并得以繁衍。

黄缘蛱蝶
（jiá）

虽然大部分蝴蝶都以花蜜为食，但也有例外，比如黄缘蛱蝶。它们以树液和腐烂果实的汁液为食。人类为了建造房屋等各种建筑，砍伐森林，使黄缘蛱蝶失去了家和食物。如果我们能保护好森林，黄缘蛱蝶便能过上吃住不愁的日子。

许多蝴蝶幼虫只能吃特定的植物，有些只能吃焦土上长出来的植物。

卡纳蓝蝴蝶

对于人类而言，火灾、龙卷风和台风都意味着危险和毁灭，但对于卡纳蓝蝴蝶幼虫而言却并非如此。野生羽扇豆在这些被野火灼烧或经大风肆虐过的土地上生长得格外茁壮，而这恰恰是卡纳蓝蝴蝶幼虫唯一的食物。所以，纽约奥尔巴尼松树林保护区的工作人员会小心翼翼地放火烧掉一些植被，为卡纳蓝蝴蝶创造最佳的栖息环境。正是因为这些人的不懈努力，卡纳蓝蝴蝶的数量正在逐渐增加。

如果人们可以让野火在可控的情况下烧掉一些植被，蝴蝶就能生存并得以繁衍。

有些蝴蝶幼虫的成长离不开潮湿地区的植物。

黑塞尔细纹小灰蝶

大西洋雪松是一种生长于沼泽中的树，黑塞尔细纹小灰蝶幼虫以它的叶子为食。过去，人们常从湿地抽水，导致大西洋雪松枯死，幼虫们失去食物。现在，美国已经有很多州立法保护黑塞尔细纹小灰蝶，人们正在努力保护它们的湿地家园。

如果人们能保护好湿地，蝴蝶就能生存并得以繁衍。

有些蝴蝶幼虫赖以生存的植物对牛羊有毒，所以农民们常常会砍掉这些植物。

如果农民们能在牧场外为这些植物保留一片生长的空间，蝴蝶就能生存并得以繁衍。

黑脉金斑蝶

雌性黑脉金斑蝶通常在马利筋上产卵，这种植物是黑脉金斑蝶幼虫唯一的食物。但牛羊吃了马利筋，就会出现严重胃痛的症状。农民们当然不希望动物生病，所以经常会拔除马利筋。如果他们能在牧场外为马利筋保留一片生长的空间，黑脉金斑蝶就有地方产卵并繁衍后代了。

有些蝴蝶幼虫赖以生存的植物会危害经济林木。

丛林细纹小灰蝶

丛林细纹小灰蝶以矮槲(hú)寄生为食，这种植物寄生于其他树木，能把根一样的吸器伸进寄主植物内，从中吸取水分和养分。矮槲寄生主要寄生于西部森林中高大的常青树上。因为矮槲寄生对人们用来造纸和制作木制品的树木有危害，多年来，护林员都会把它们清理掉。不过，现在人们决定任其自由生长，这样一来，丛林细纹小灰蝶幼虫和其他生活在森林中的生物就能继续获得庇护和食物。

如果人们能适当保留这些植物，蝴蝶就能生存并得以繁衍。

蝴蝶想要生存，除了食物，还需要一个适宜的环境。但有些蝴蝶却因为美丽的外表被人类抓回家饲养。

如果人们可以立法禁止捕捉蝴蝶，它们就能生存并得以繁衍。

米切尔眼蝶

米切尔眼蝶非常漂亮，很多人都想把它们做成标本收藏起来。1992年，这种长着红色翅膀的小蝴蝶被列入濒危物种名单。现在，美国法律已经规定禁止擅自捕捉、收藏这些蝴蝶。密歇根州的居民也在努力保护好它们的栖息地。

有些蝴蝶会被杀虫剂误伤。

萧氏凤蝶

佛罗里达州南部地区的夏季炎热而潮湿，天空中笼罩着一团巨大的"蚊子云"。为了灭蚊，工人们会向空中喷洒杀虫剂，但随着蚊子一起殒命的，还有无数的萧氏凤蝶。自1991年起，人们便开始避免在蝴蝶的栖息地喷洒杀虫剂，科学家们希望它们能存活下去。

如果人们可以不再使用这些化学品，或者在喷洒时小心一些，蝴蝶就能生存并得以繁衍。

一旦栖息地遭到外来植物入侵，蝴蝶就会面临生存危机。

如果人们可以在院子里种植本土植物，蝴蝶就能生存并得以繁衍。

俄勒冈银斑蝶

金雀儿原产于英国，由于它的花朵金黄明艳，又容易种植，因此也被太平洋西北地区的人们栽种到了自家后院。渐渐地，金雀儿逐渐抢占了本土植物的空间，而俄勒冈银斑蝶恰恰以这些本土植物为食，于是它们的生存变得岌岌可危。俄勒冈州和华盛顿州随后采取了一项举措：种植本土植物取代金雀儿。经过大家的努力，俄勒冈银斑蝶的数量开始逐渐回升。

如果蝴蝶的天然栖息地被破坏，它们的生存会变得更加艰难。

哈里斯格纹蛱蝶

新英格兰曾经有很多小型的家庭农场，但现在草场被拔地而起的住宅和商场取代。

在马萨诸塞州的伍斯特，电力公司的工人们经常能在高压电线下的草地上，看见哈里斯格纹蛱蝶翩翩起舞。为免伤害到蝴蝶的卵和幼虫，给它们留出一片栖息地，工人们特意向科学家请教了除草的最佳时期。如今，这片土地绿草丛生，蝴蝶们也能在这儿安安稳稳地生活下去了。

许多蝴蝶只能生活在开阔的田野里,如果我们可以创造更多的草地,蝴蝶就能生存并得以繁衍。

有些蝴蝶只能生活在沙滩上的灌木丛中。

如果我们可以恢复这些自然环境，蝴蝶就能生存并得以繁衍。

帕洛斯韦尔德蓝蝶

20世纪80年代，加利福尼亚州的一个小镇上建起了一座棒球场，而这里正是帕洛斯韦尔德蓝蝶最后的一块栖息地。科学家们曾一度认为这种蝴蝶已经灭绝了，直到1994年，有人在附近的海军基地发现了它们的踪迹。随后，许多爱心人士为蝴蝶成虫种植了向日葵，为其幼虫种植了菽(shū)豆科植物。在大家的帮助下，帕洛斯韦尔德蓝蝶的数量已开始回升。

如果蝴蝶大量死亡，其他生物的生存也会受到威胁。

植物需要蝴蝶

当蝴蝶吸食花蜜时，身上会沾满花粉，当它飞向另一朵花时，花粉便会随之转移。对异花授粉植物来说，蝴蝶为种子的形成做出了贡献。蝴蝶和飞蛾是除蜜蜂以外为植物授粉最多的昆虫。如果没有蝴蝶，一些开花的植物可能就要灭绝了。

这也是为何保护蝴蝶及其栖息地如此重要。

其他动物需要蝴蝶

蝴蝶是食物链的重要组成部分。蝴蝶幼虫的进食量并不足以杀死一棵植物,而且它们的排泄物落进土壤,还能为土壤增加养分。蝴蝶幼虫和蛹是其他昆虫、老鼠、负鼠、臭鼬、鸟类和蟾蜍的食物来源。成虫则是蜘蛛、蜻蜓和螳螂的食物来源。如果没有了蝴蝶,这些动物都得饿肚子。

蝴蝶已经在地球上生活了大约1.4亿年。

从花园开始

如果每个社区都有一两个花园，就能有更多蝴蝶从中受益，蝴蝶的生存需求也能得到满足。市面上有很多好书，可以指导你规划蝴蝶花园。第一件要做的事自然是准备好水源和各种会开花的植物，让花园从春天到夏天再到早秋，花开不断。你还可以在园艺中心工作人员的帮助下，了解当地蝴蝶最喜欢哪些植物开的花。

虽然人类活动有时会伤害蝴蝶，但仍有许多方法可帮助这些神奇的昆虫长长久久地生存下去。

救救蝴蝶

🦋 不捕捉，不饲养蝴蝶。

🦋 不要喷洒可能会对蝴蝶有害的化学制剂。

🦋 加入蝴蝶小组，一起保护当地的蝴蝶。

🦋 写一篇关于蝴蝶的文章，呼吁大家一起保护蝴蝶。

🦋 在社区或自己家的院子里建一个花园。

▷ 与蝴蝶有关的二三事 ◁

※ 没人知道世界上到底有多少种蝴蝶。到目前为止，科学家们已经发现的蝴蝶有 18 000 多种，其中约有 750 种生活在北美。

※ 亚历山大鸟翼蝶是世界上最大的蝴蝶，它展开翅膀之后比翻开的书本还要宽；小蓝灰蝶则是世界上最小的蝴蝶，只有人类的指甲盖大小。

※ 大多数蝴蝶的寿命不足两周，但黑脉金斑蝶和黄缘蛱蝶能存活 10 个月。

※ 当天气变冷时，一些蝴蝶会迁徙，一些则会冬眠。许多蝴蝶以卵、幼虫或蛹的形式越冬。

※ 为了躲避天敌，蝴蝶有各种小技巧保护自己。你知道为什么捕食者不愿意靠近北美大黄凤蝶的幼虫吗？这是因为它们的身体特别像鸟的排泄物。